AF468434

DESCRIPTION
DU
COLISÉE,
ÉLEVÉ
AUX CHAMPS-ÉLISÉES,

ſur les Deſſins de M. LE CAMUS;

Par le Sieur LE ROUGE, Ingénieur-Géographe du Roi.

A PARIS.

Chez { LE ROUGE, rue des Grands-Auguſtins.
ET
La Veuve DUCHESNE, rue Saint-Jacques, au Temple du Goût.

M. DCC. LXXI.

Avec Approbation & Permiſſion.

A MONSIEUR

LE CAMUS.

DU fameux LE CAMUS le vaste Colisée
Nous offre de nouveaux plaisirs.
Les Champs heureux de l'Elisée
Ne pourroient mieux contenter nos desirs.
Ici, d'une élégante & riche Architecture
L'œil étonné parcourt tous les compartimens:
Là, de gazons & de jardins charmans
Il voit la naissante verdure.
Charmés de ce spectacle, aujourd'hui tous les Dieux
Ont quitté leur séjour pour ces aimables lieux.
Aux mets les plus exquis que Comus assaisonne,
Bacchus joint son nectar divin,
Et, pour égayer le festin,
Des Chants de Polymnie au loin tout l'air résonne.
Terpsicore, en habit de fleurs,
Forme des pas légers, étale mille graces:
Les Amours volent sur ses traces,
Et le desir enflamme tous les cœurs.
Sur le sein d'une plaine humide,
Les Tritons emportés par de galans vaisseaux,
La lance au poing, dans leur Course intrépide,
Livrent mille Combats nouveaux.
Vulcain, pour embellir la Fête,
Déserte son Antre sacré;
Que de Feux brillans il apprête
Par les mains des Seguin, des Morel & Torré!

DESCRIPTION *

DU

COLISÉE.

LA multitude des personnes qui se promenent tous les jours dans les Champs-Élisées, a fait naître l'idée à une Compagnie d'y construire un Colisée sur les dessins de M. le Camus. Quel projet fut jamais plus vaste, plus heureux, plus agréable? Puisse le tableau que je me propose ici d'en présenter au Public, répondre aux vues & à l'exécution de ce célebre Artiste!

Imaginez un cercle de cinquante toises de diametre ou de vingt-cinq toises de rayon, dont on a fait un octogone. En supposant un de ses grands dia-

* Pour bien entendre cette Description, il faut avoir le plan sous les yeux : il se trouve chez le sieur Le Rouge.

metres nord-ſud, un ſecond eſt-oueſt, les deux autres ſeront par conſéquent nord-eſt & nord-oueſt.

Au centre du cercle conſtruiſez une rotonde de dix toiſes de rayon, & du même point décrivez un cercle concentrique de huit toiſes & demie de rayon pour vos tribunes; tracez un autre cercle de ſix toiſes & demie de rayon pour votre grand ordre; il vous reſtera au ſud, à l'eſt & à l'oueſt, un eſpace ſuffiſant pour conſtruire trois galeries & trois périſtiles qui ſeront terminés par le rayon de vingt-cinq toiſes. Au nord, vous ne remarquez qu'un périſtile, afin que votre aſſemblée puiſſe tout de ſuite ſe porter de la rotonde vers le cirque par cinq grandes arcades, & dans la galerie de la colonnade. Pour cet effet, un rayon de quinze toiſes bornera votre édifice de ce côté-là.

Placez vos quatre caffés près de la grande ſalle ſur des plans circulaires & ſur les deux diametres nord-eſt & nord-oueſt; prenez pour cela un rayon d'environ quatorze toiſes, & vos deux caffés du nord s'enfileront par le grand périſtile dont les deux portes eſt & oueſt conduiront dans la colonnade du cirque, & feront ſymmétrie avec les deux croiſées en retour qui flanquent vos deux arriere-corps. Au bout de vos Périſtiles, placez des ſalles de treillage. Au midi, qui eſt le côté de l'entrée, faites une colonnade en fer-à-cheval avec une galerie couverte.

Au nord, diſtribuez votre cirque ſelon la place qui vous reſtera.... Je voudrois avoir inventé cet édifice : je ſuis né & élévé dans l'Architecture ; j'ai reçu des leçons dans ce genre avec Monſieur le Camus, chez M. *Ergo* il y a trente-ſix ans. Je ne me flatterois cependant pas de réuſſir auſſi bien, & je laiſſe avec juſtice cette gloire à ce ſavant Artiſte. Paſſons au détail du Coliſée.

Le ſoir, la grande avenue de Neuilly illuminée depuis la Place de Louis XV jusqu'au Coliſée, de même que la rue de Marigny, le fer-à-cheval & les ſalles découvertes, annoncent ce vaſte & magnifique bâtiment placé vers la premiere étoile des Champs-Eliſées.

Arrivé à la grande grille, deux petits bâtimens ſe préſentent à vous, l'un à droite, l'autre à gauche ; ils ſervent de corps-de-garde & de bureaux de recette.

En entrant, vous voyez un bâtiment

de cent pieds de face, à la distance d'environ quarante toises. Cet édifice est percé de cinq portiques accompagnés de six colonnes Toscanes en treillage d'environ vingt cinq pieds de haut, portant entablement avec amortissement & attique au-dessus. Au premier étage, cinq grandes croisées qui conduisent sur un balcon, répondent aux portiques du rez-de-chaussée.

Un fer-à-cheval, dont le grand diametre peut avoir environ trente-trois toises & le petit vingt-une, conduit à ce bâtiment. On y va, de chaque côté, à couvert par une galerie de neuf pieds de large, décorée de cinquante-deux colonnes & pilastres Toscans en treillage, qui s'accordent parfaitement avec la façade. Deux arriere-corps de quinze pieds de face, sur une retraite de douze pieds, favorisent l'entrée de cette galerie par les flancs à ceux qui ne se présentent point devant les cinq portiques dont j'ai parlé.

Dans le bâtiment vous trouvez d'abord un grand péristile de soixante-deux pieds de long sur trente-quatre de profondeur, qui conduit, de droite & de gauche, à deux escaliers qui menent à la salle verte du premier étage, au-dessus du péristile dont le plafond est soutenu par quatre colonnes Ioniques. Cette entrée est décorée de niches ornées de statues gracieuses vis-à-vis des quatre portiques. Le cinquieme, qui est celui du milieu, répond à l'enfilade du bâtiment entier, par laquelle vous passez dans une galerie de quarante-cinq pieds de long sur trente-deux pieds de large, décorée de quatorze colonnes isolées d'ordre Ionique, en façon de marbre blanc veiné, bases & chapiteaux dorés; entre lesquelles vous communiquez à douze boutiques qui sont partagées entre les deux côtés de cette pièce qui est éclairée par trois lanternes posées sur la terrasse.

Le plan des colonnes regle la claire-voie de cette galerie qui peut avoir trente-neuf pieds de long sur dix-huit de large. Sur son pourtour, au premier étage, regne une petite galerie de laquelle on apperçoit le passage & les boutiques, par le moyen des balcons ornés de rideaux bleus; galamment troussés, parsemés de fleurons & garnis de crépines d'or.

Au bout de cette pièce, l'œil étonné

découvre la rotonde d'environ cent vingt-ſix pieds de diametre & quatre-vingt pieds de haut. Ici ſe préſente à vous, à droite & à gauche, une galerie circulaire de dix pieds de large ſur dix-huit de haut, portant les travées; elle regne autour de la grande ſalle, & eſt ornée de cinquante-deux colonnes Ioniques, dont vingt-ſix ſont enclavées dans le mur.

De-là vous paſſez dans une ſeconde galerie également circulaire, d'environ douze pieds de large ſur trente-ſix de haut, qui fait le tour de la ſalle entre le grand ordre & les travées. Je ſuppoſe que vous marchez toujours ſur la capitale du bâtiment, c'eſt-à-dire, ſur la ligne du milieu. Au bord de cette galerie vous deſcendez par ſept marches dans la grande rotonde ou ſalle du bal, qui a ſoixante dix-huit pieds de diametre ſur quatre-vingt pieds de haut; ſeize colonnes Corinthiennes de trente-quatre pieds de haut, portant entablement, en décorent le pourtour: c'eſt ce que nous appellerons le grand ordre. Seize cariatides dorées portant neuf pieds de haut, poſées ſur des piédeſtaux au deſſus de chaque colonne, ſemblent ſoutenir la coupole au milieu de laquelle eſt une lanterne de vingt quatre pieds de diametre, qui éclaire tout ce vaſte édifice. La capacité de cette lanterne eſt égale à l'aire de douze croiſées qui auroient douze pieds de haut chacune ſur ſix pieds de large. Les balcons entre les Cariatides ſont ornés de rideaux verds parſemés de fleurons dorés & garnis de crépines d'or. Seize travées, décorées de rideaux cramoiſi, ornés de fleurons & de crépines d'or, de même que les tapis qui pendent ſur les balcons, ſont ſoutenues par trente-deux colonnes Ioniques, & figurent au travers des entre-colonnemens du grand ordre ; elles ſont, en outre, accompagnées de ſeize gros pilaſtres qui répondent aux colonnes du grand ordre, & qui en ſont environ à douze pieds.

Les plafonds entre les plates-bandes ſont peints avec goût ; ce ſont des Amours qui voltigent légerement. Les niches de ces galeries ſont ornées de ſtatues élégamment peintes.

Les colonnes du grand ordre ſont canelées & argentées ; les baſes, chapiteaux & friſes ſont dorés ; le reſte de cette décoration imite un marbre blanc veiné ; les ſocles ſont en marbre de Languedoc, les panneaux en verd antique.

On deſcend, par quatre entre-colonnemens, du grand ordre dans le parquet ; deux autres ſervent d'orcheſtres. Les dix qui reſtent ſont occupés par des gradins, de même que l'eſpace de ſix pieds de large dans tout le pourtour de la ſalle le long des ſocles des grandes colonnes.

Continuant votre marche ſur la même ligne vers le nord, vous montez ſept dégrés & traverſez la ſeconde galerie circulaire. Vous voilà dans un magnifique périſtile ou grand ſallon percé de cinq portiques & de deux croiſées en retour. Douze colonnes, ſeize pilaſtres & ſix niches, placés en ſymmétrie, font l'ornement de l'intérieur de cette pièce ſituée au nord du bâtiment, & dont la vue donne ſur le cirque. Trois grands portiques communiquent de la rotonde à ce périſtile. En rentrant dans la premiere galerie, dirigeant votre marche vers le couchant, vous trouverez à droite le caffé du nord-oueſt ſur un plan circulaire. La décoration de ce caffé ſuit la diſtribution de l'octogone, dont les huit trumeaux ſont ornés de glaces du haut en bas. Deux grandes croiſées laiſſent la vue libre ſur le cirque. Il y a à l'occident une porte vitrée qui communique dans la galerie de la colonnade qui enveloppe le cirque. L'on peut donc faire le tour de ce baſſin à couvert, & rentrer dans le périſtile dont je viens de parler par le caffé du nord-eſt, les quatre portes de ces deux caffés faiſant enfilade avec la partie méridionale de ce périſtile.

Continuant votre marche par la premiere galerie circulaire après ce caffé, vous paſſez à côté d'un eſcalier fort commode qui communique de fond.

A trois toiſes plus loin, vous entrez dans la galerie de l'oueſt, qui eſt également décorée de quatorze colonnes Ioniques, de douze boutiques & d'un grand périſtile, accompagné de deux beaux eſcaliers qui ne communiquent qu'au premier étage, comme ceux du premier périſtile méridional, par lequel vous êtes entré dans ce magnifique bâtiment; & qui fait préciſément le tour d'équerre. A l'oueſt de ce périſtile ſe préſente une belle ſalle octogone découverte & en treillage, dans laquelle vous communiquez par trois grandes portes vitrées en descendant trois marches. Cette salle a dix-huit toises de diametre ; & est ornée de seize colonnes de vingt-cinq pieds de haut, portant entablement, & de vingt-quatre arcades, dont les cinq du nord décorent l'entrée du bâtiment du Restaurateur occidental composé de six pieces.

Rentrant dans la premiere galerie circulaire de la rotonde, & avançant vers le midi, vous passez à côté d'un escalier à droite, qui communique de fond, égal à celui qui est à côté du caffé du nord-ouest.

A quatre toises de-là se présente le caffé du sud-ouest sur un plan circulaire, décoré selon la distribution de l'octogone, comme ils le sont tous les quatre.

En descendant trois marches, vous communiquez par trois portes vitrées dans une salle ovale en treillage, de dix-sept toises de long sur quinze de large, découverte, décorée de seize colonnes de vingt-cinq pieds de haut, portant entablement, & de vingt-cinq arcades.

Retournant dans la premiere galerie, & continuant votre marche vers l'eſt, vous paſſez par la droite dans la galerie méridionale par laquelle vous êtes entré.

Or, ce bâtiment étant parfaitement régulier, vous trouvez la même diſtribution du côté de l'eſt, c'eſt-à-dire, le caffé du nord-eſt, un eſcalier de fond, la galerie & le périſtile de l'eſt ſuivi de deux eſcaliers qui menent au premier étage, la ſalle octogone de treillage découverte, & le reſtaurateur de l'eſt, un eſcalier de fond, le caffé du ſud-eſt, la ſalle ovale découverte, & vous retournez dans la galerie méridionale par laquelle vous êtes entré.

Comme vous voilà revenu dans le premier périſtile du côté du midi, montez au premier par l'eſcalier de la droite ou de la gauche; il vous conduira à la ſalle verte, dans laquelle le plafond eſt ſoutenu par quatre colonnes accompagnées de rideaux verds parſemés de fleurons, & garnis de crépines d'or. Vous paſſez enſuite ſur le grand balcon par cinq grandes croiſées, & vous voyez les perſonnes qui entrent par la grande grille.

Paſſez vers le nord: vous entrerez par trois grandes portes dans deux paſſages à droite ou à gauche, par lesquels vous découvrez la galerie basse, & les boutiques dont j'ai parlé ci-devant. Quatorze balcons décorés de rideaux bleus, parsemés de fleurons, ornés de crépines & retroussés galamment, font la décoration de cette partie, laquelle est éclairée d'en-haut par trois lanternes. De-là vous passez dans la grande galerie circulaire, où sont les seize travées dont la vue donne dans la rotonde.

Continuant votre marche, du côté de l'ouest, à sept toises, vous entrez dans une salle circulaire, ou caffé du premier, qui porte sur celui du sud-ouest.

La vue des cinq croisées donne sur la salle ovale de treillage découverte, & dans les jardins. Les huit trumeaux sont ornés de glaces du haut en bas. A quatre toises plus loin, vous passez un des quatre escaliers qui menent de fond; & à trois toises plus loin, vous entrez par trois portes, dans deux petites galeries, de droite ou de gauche, qui vous conduisent à la salle bleue occidentale, dont les trois grandes croisées offrent la vue d'une salle octogone en treillage & découverte. Deux escaliers accompagnent cette salle de droite & de gauche.

Revenant ſur vos pas dans la galerie des travées, & avançant vers le nord ſur trois toiſes, vous rencontrez à gauche un eſcalier de fond; & à trois toiſes plus loin une ſalle circulaire qui eſt au-deſſus du caffé du nord-oueſt; une porte vitrée vous conduit ſur la terraſſe de la colonnade du cirque : vous paſſez même ſur les terraſſes qui couvrent les Reſtaurateurs. Deux croiſées de cette ſalle donnent ſur le cirque.

Rentrant dans la galerie circulaire des travées, vous paſſez dans la grande ſalle du nord, ornée de quatre colonnes garnies de rideaux cramoiſi, parſemés de fleurons d'or & garnis de crépines. La vue des trois croiſées donne au milieu du cirque, de même que les deux qui éclairent les deux pièces voiſines, dont celle de la droite eſt occupée par une loterie de toutes ſortes d'étoffes & de bijoux, à douze ſols le billet.

Ce que nous venons de dire depuis la Deſcription de la ſalle verte, doit s'appliquer à l'autre moitié du premier étage, puiſque c'eſt exactement la même choſe.

Vous choiſiſſez l'eſcalier que vous voulez des quatre qui touchent à la rotonde, pour monter aux galeries du ſecond étage & aux terraſſes.

Continuez votre marche par la galerie des travées juſqu'au premier eſcalier que vous avez apperçu en ſortant de la ſalle verte : c'eſt celui qui eſt à côté du Caffé du ſud-oueſt. Montez environ quarante marches, & vous arrivez dans un grand corridor circulaire qui porte ſur la galerie des ſeize travées : autant de portiques ſe trouvent à plomb ſur les travées du premier, & vous offrent le paſſage pour arriver de toute part au grand balcon des ſeize Cariatides, qui fait tout le tour de la ſalle, & d'où la vue eſt charmante, puiſqu'elle plonge dans le bas de la rotonde, dans la premiere & la ſeconde galerie circulaire du rez-de-chauſſée, dans les travées, en un mot ſur les terraſſes & par-tout; le balcon portant ſur l'entablement du grand ordre.

Je ſuppoſe donc que vous ſoyez monté par l'eſcalier qui eſt à côté du caffé du ſud-oueſt. Arrivé dans la galerie, vous avancez de quatre toiſes vers le centre du bâtiment ; & vous voilà au balcon. Parcourant environ trois toiſes vers la gauche au nord, vous traverſez les galeries & vous entrez ſur la terraſſe occidentale, ou de l'oueſt, où ſont les trois lanternes qui éclairent le bas. Cette terraſſe, qui eſt à cinquante pieds de terre, offre une très-belle vue, qui s'étend par-deſſus le Cours-la-Reine, dans les plaines d'Iſſy, ſur la riviere, les Bons-Hommes juſqu'à Meudon, la grille de Chaillot, l'étoile de l'avenue de Neuilly, une partie du Roule. Par les terraſſes formées en amphithéâtre la vue plonge encore agréablement dans le cirque

Ici vous monterez un autre petit eſcalier adoſſé à la rotonde, lequel vous menera ſur la terraſſe de la coupole. C'eſt-là où l'œil ſe promene à l'aiſe, & où vous jouiſſez de la plus belle vue du monde. Toutes les vues des autres terraſſes ſe répetent ici, mais avec plus d'avantage, puiſque vous découvrez tout l'horiſon.

Après être deſcendu & rentré dans la galerie des Cariatides, avançant quatre toiſes vers le nord, vous raſez un des quatre eſcaliers à gauche, & paſſez par cinq portes ſur la terraſſe du nord qui couvre la ſalle cramoiſi, & s'étend en même-tems ſur le caffé du nord-oueſt & ſur celui du nord-eſt.

Une baluſtrade à l'Italienne lui ſert d'appui. C'eſt de deſſus cette terraſſe que vous découvrez une grande partie du Fauxbourg Saint-Honoré, le baſſin du cirque en plein, de même que la colonnade & la terraſſe du premier étage.

Rentrant dans la galerie des Cariatides, & continuant votre promenade vers le ſud, vous friſez encore un des quatre eſcaliers, & vous entrez ſur la terraſſe orientale ou de l'eſt, qui eſt tout-à-fait égale à l'occidentale, excepté que la vue s'étend ſur les jardins des hôtels du fauxbourg Saint-Honoré, la place de Louis XV, les Tuileries, le palais Bourbon, les Invalides. Avançant quatre toiſes vers le ſud dans la galerie des Cariatides, vous paſſez à côté du quatrieme eſcalier, & vous vous trouvez ſur la terraſſe circulaire qui couvre le caffé du ſud-eſt, dont la vue eſt preſque la même que la précédente. Rentré dans la galerie, vous marchez l'eſpace de ſept toiſes vers le couchant, & vous pénétrez par la gauche ſur la terraſſe méridionale qui couvre la ſalle verte. Là, vous jouiſſez du plus beau coup-d'œil, puiſque vous embraſſez les trois quarts de l'horiſon, les jardins du fauxbourg Saint-Honoré, la place de Louis XV, les Tuileries, le palais Bourbon, les Invalides, la moitié de Paris, l'Ecole Militaire, le Cours-la-Reine, la plaine de Vaugirard, d'Issy, la riviere, Meudon, les Bons-Hommes, Chaillot & le Roule. Le plus grand agrément de cette vue, c'est qu'elle plonge sur l'entrée du Colisée, & vous voyez toutes les personnes qui entrent par la colonnade de la grille ou du fer-à-cheval.

Notez que toutes les bases & chapiteaux de l'intérieur des salles sont dorés, & les paremens marbrés en divers couleurs.

J'estime que le Colisée, compris l'enclos des jardins, peut contenir environ seize arpens.

Dans la distribution des jardins l'on a d'abord continué l'allée qui donne vers le milieu du Cours-la-Reine. Des allées de tilleuls bordent les murs.

Un grand tapis verd fait l'ornement du côté du midi, & un quinconce artistement distribué remplit le reste. Entre les salles découvertes & le bâtiment l'on a planté divers arbrisseaux qui font des plans fort agréables.

La façade ſeptentrionale qui donne ſur le cirque, peut avoir cinquante toiſes de front : au milieu ſe préſente un avant-corps de ſoixante-dix-huit pieds de face, orné de cinq grandes portes cintrées, accompagnées de ſix colonnes Ioniques, portant entablement & baluſtrade : au-deſſus de ces portes répondent les cinq grandes croiſées de la ſalle cramoiſi & des deux pièces latérales. Deux arriere-corps, chacun de trente-huit pieds de face ſur une retraite de dix-huit, portant trois croiſées au rez-de-chauſſée, & trois au premier, accompagnent l'avant-corps du milieu.

A droite & à gauche, dans l'intérieur de la colonnade du cirque, paroiſſent cinq croiſées en entreſol, au-deſſus deſquelles s'éleve ſur la terraſſe un bâtiment de pareille longueur, à cinq croiſées de front, ſurmonté d'une autre terraſſe qui forme une partie de l'amphithéâtre des terraſſes orientale & occidentale dont j'ai parlé.

Le cirque eſt un baſſin preſqu'oval de cent ſix toiſes de circonférence, dans lequel il y a environ ſix pieds d'une belle eau : une pompe voiſine ſert à la renouveller à volonté.

C'eſt où ſe font les joûtes dans leſquelles des Mariniers choisis s'exercent avec autant d'adresse que de promptitude.

Entre le bâtiment & le bassin regne une esplanade de quarante-deux pieds de large, qui se réduisent à trente pieds, tant par les côtés que vers le nord.

Cet espace est entouré d'une colonnade de cent vingt toises qui décore une galerie couverte, propre à contenir près de quinze cents personnes, sur trois gradins en amphithéâtre : il en peut tenir autant sur la terrasse qui est au-dessus. La petite esplanade qui entoure le bassin, les croisées & les terrasses du Colisée, en peuvent contenir cinq mille ; ce qui fait en tout environ huit mille spectateurs qui peuvent aisément voir les joûtes, & les feux d'artifice qui se tirent dans le fond au nord de cette colonnade. Remarquez que le bâtiment qui sépare la colonnade, ayant environ vingt-six toises, & la galerie cent vingt toises, le contour entier qui enveloppe le bassin, doit être d'environ cent quarante-six toises. Au levant du cirque, sont les garde-robes pour les hommes ; celles qui sont destinées pour l'usage des dames, sont sous les quatre escaliers qui regnent de fond, & qui touchent à la *rotonde* à côté des caffés.

Le soir, la rotonde est illuminée par quatre-vingt-un lustres : savoir, un grand lustre est suspendu au milieu de la salle : seize lustres moyens pendent vis-à-vis du milieu de chaque entre-colonnement à dix pieds en avant : seize autres lustres un peu moins grands que les précédens, sont portés par les plates-bandes qui regnent entre les grosses colonnes & leurs pilastres.

Seize lustres, moindres que les précédens, éclairent le milieu de chaque travée.

Enfin, au milieu de la galerie des Cariatides sont suspendus seize autres petits lustres.

Seize girandoles, de neuf bougies chacune, décorent le devant des piédestaux des Cariatides. La corniche, ou le petit entablement porté par les Cariatides, est chargé de bougies. Les entre-colonnemens des galeries & des péristiles sont aussi éclairés par des lustres. Les salles découvertes & le fer-à cheval de l'entrée sont garnis de pyramides chargées de lampions, & les entre-colonnemens sont éclairés par des lustres composés de lanternes.

Chaque jour où le Colisée est ouvert, il s'y trouve la meilleure compagnie. Ce lieu de délices, animé par tout ce que l'amusement le plus vif & le plus décent peut enfanter, rassemble les Princes, les Grands du Royaume, les Etrangers du premier ordre, la Noblesse, les Riches & la bourgeoisie.

L'Abbé Bannier, dans sa Mythologie, compte plus de cent-soixante fêtes différentes, que les Grecs & les Romains célébroient avec solemnité.

Le Colisée en rassemble toute la magnificence & tous les plaisirs. Les jours de Joûte, quand on voit nos Mariniers se promener par les salles & la rotonde, on croit être à Athenes, lors de la procession des Panathenées.

Le Concert, qui s'exécute dans la grande salle, nous rappelle les Delphinées & les Actiaques, Fêtes célébrées en l'honneur d'Apollon. L'aimable Jeunesse de l'un & de l'autre sexe, dansant avec toute la grace possible, la parure & le maintien agréable des Spectatrices nous transportent aux Fêtes, appellées *Charities*, *Erotides*, *Anagogies*, instituées anciennement en l'honneur des Graces, de l'Amour & de Vénus.

Les Dimanches & Fêtes, il y a ordinairement Colisée depuis quatre heures jusqu'à dix heures du soir. Les deux orchestres de la rotonde, de trente Musiciens chacun, se relevent alternativement. Ils exécutent différentes Symphonies pendant lesquelles on danse. Leur uniforme est un habit verd galonné en or. La Joûte se donne vers les cinq heures au bruit des timbales & de la symphonie, qui accompagne aussi la Pantomime. Cette Fête est couronnée par un Feu d'Artifice. Les billets sont de trente sols.

Souvent les Jeudis, on construit un théâtre dans le nord de la rotonde, où quarante des meilleurs Musiciens donnent un très-beau Concert. Pour lors, les billets sont de trois livres.

Il y a une Buvette, où le vin est excellent.

Chez le Restaurateur, vous êtes traité depuis trente sols jusqu'à un Louis, & toujours servi très-proprement.

Lû & approuvé, ce 26 Septembre 1771.

MARIN.

Vu l'Approbation, permis d'imprimer, ce 27 Septembre 1771. DE SARTINE.

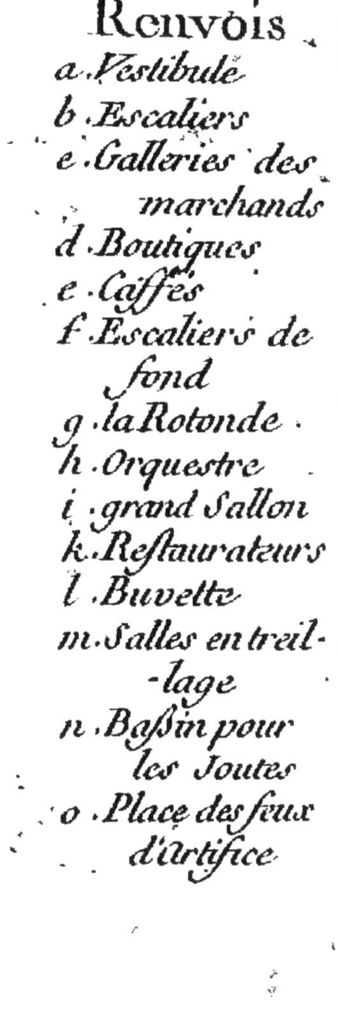

PLAN DU COLISÉE

Par Le Rouge

10 20 30 Toises

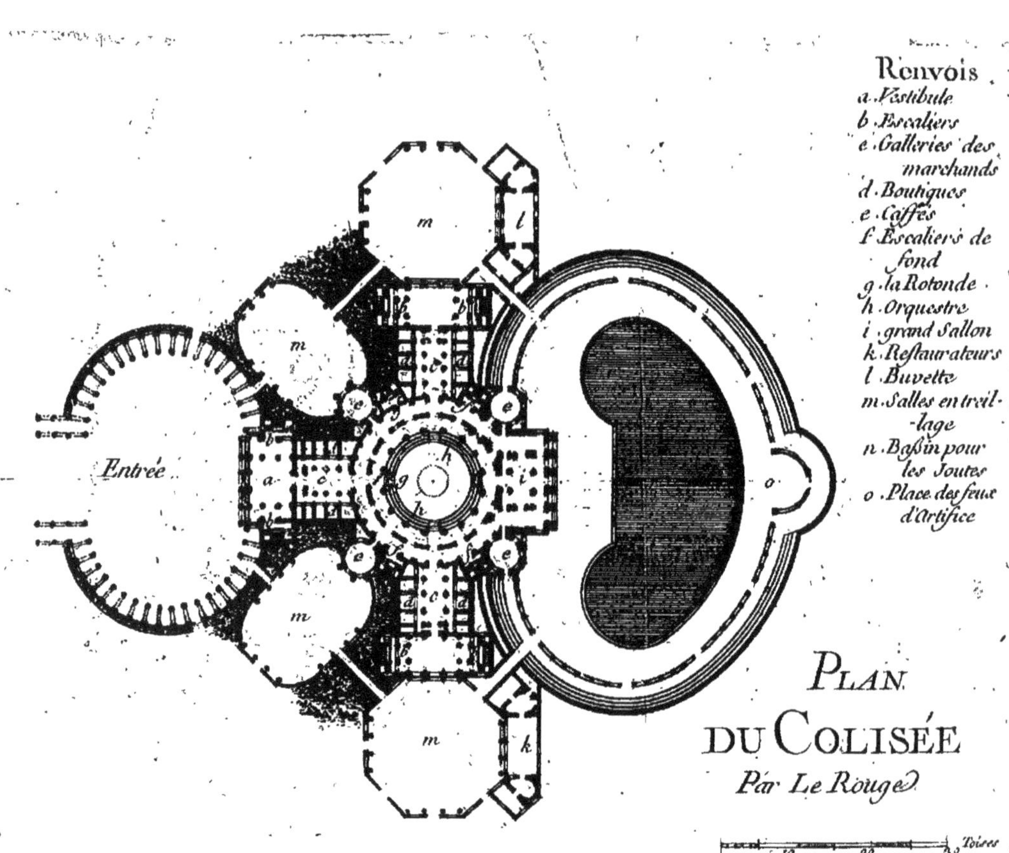
Renvois
a. Vestibule
b. Escaliers
c. Galleries des marchands
d. Boutiques
e. Caffés
f. Escaliers de fond
g. la Rotonde
h. Orquestre
i. grand Sallon
k. Restaurateurs
l. Buvette
m. Salles en treil-lage
n. Bassin pour les Joutes
o. Place des feux d'Artifice
Entrée
PLAN DU COLISÉE
Par Le Rouge
Toises

www.ingramcontent.com/pod-product-compliance
Ingram Content Group UK Ltd.
Pitfield, Milton Keynes, MK11 3LW, UK
UKHW020536230726
13925UKWH00005B/2308